ABHANDLUNGEN DER DEUTSCHEN AKADEMIE
DER WISSENSCHAFTEN ZU BERLIN

Klasse für Mathematik, Physik und Technik
Jahrgang 1957, Nr. 2

FRANZ KIENAST

ÜBERSICHT ÜBER DIE FÖRDERTECHNIK

Mitteilungen der Sektion für Maschinenbau

AKADEMIE-VERLAG · BERLIN
1957

Vorgetragen auf der 2. Sitzung 1957 der Sektion für Maschinenbau am 30. 1. 1957
Vorgelegt von Hrn. Jante in der Gesamtsitzung vom 2. März 1957
Zum Druck genehmigt am gleichen Tage, ausgegeben am 30. 12. 1957

Erschienen im Akademie-Verlag GmbH, Berlin W 8, Mohrenstraße 39
Lizenz-Nr. 202 100/404/58
Gesamtherstellung: VEB Druckerei „Thomas Müntzer", Bad Langensalza
Bestell- und Verlags-Nr.: 2001/57/I/2
Preis: DM 1.80
Printed in Germany

Übersicht über die Fördertechnik

Wenn man das Fachgebiet „Fördertechnik" darstellen will, muß man den Begriff „Fördertechnik" umreißen. Der Ausdruck ist nicht sehr glücklich gewählt, weil fördern in unserem Sprachgebrauch Auslegungen verschiedener Art erlaubt. Auch im internationalen Verkehr sind die Bezeichnungen für das Fachgebiet sehr verschieden.

„Transporttechnik" würde eine allgemein verständlichere Benennung sein; denn für die Bewegung von Material wendet man in Deutschland das Wort „Fördern" nur im Bergbau an. Vom zünftigen Bergbau her stammen alle Bezeichnungen wie Fördermann, Fördermaschine, Förderturm, Förderkorb, und den ganzen Vorgang, von der Gewinnung der Kohle, des Salzes oder des Erzes bis über Tage, nennt man die Förderung.

In den Anfängen der Mechanisierung befaßte man sich gerade mit den Problemen der Bewegung von Material nur wenig. Im Bergbau erfüllte der Fördermann die untergeordnete Funktion, den Hunt zu laden und zum Schacht zu schieben. In jeder Fabrik bestand die Transportkolonne aus möglichst kräftigen Männern der niedrigsten Lohngruppe. Der Umschlag in den Häfen erfolgte durch Menschen, die häufig aus fremden Erdteilen angeheuert werden mußten. Erdbewegungen selbst großen Ausmaßes wurden in Handarbeit bewältigt. Eine wissenschaftliche Behandlung dieser ganzen Probleme fand kaum statt. An den Hochschulen gab es lediglich Lehrstühle für Krane und Hebezeuge. Aus diesen Lehrstühlen haben sich die Lehrstühle für Fördertechnik entwickelt. Denn Krane und Hebezeuge sind nur ein sehr enges Teilgebiet innerhalb der Aufgaben der Fördertechnik geworden.

An den Lehrstühlen „Fördertechnik" werden heute alle Maschinen und Anlagen behandelt, welche der Bewegung von Menschen und Material zu dienen haben, soweit sie nicht ihrer Bedeutung entsprechend zu selbständigen Disziplinen entwickelt worden sind. Denn im weitesten Sinne sind alle Beförderungsarten — jede Verkehrsart — Fördertechnik. Aber es entwickelten sich Schiffahrt und Eisenbahn, das Kraftfahrzeug und Flugzeug jedes für sich nach eigenen Gesichtspunkten. „Technik macht uns freier über Raum und Zeit" war und ist der stets lebendige Leitgedanke dabei. Auch der Transport von Flüssigkeiten und Gasen machte eine eigene erfolgreiche Entwicklung durch. In allen diesen Zweigen war der ökonomische Anreiz besonders groß, so daß auch der technische Fortschritt durch die Forschung gefördert wurde. Hier konnte schon deshalb die Forschung der Praxis vorauseilen, mindestens aber immer damit Schritt halten.

Unter Fördertechnik sind alle diejenigen Förderprobleme zusammengefaßt worden, welche neben den Sondergebieten übrig geblieben sind. Die Vielseitigkeit ergibt sich schon aus einem sehr groben Überblick.

Als erstes Gebiet seien die *Krane* und *Hebezeuge* genannt. Sie beschränken sich heute nicht mehr auf primitive Formen und überalterte Einsätze. In Hütten- und Walzwerken sind sie in Anpassung an den technologischen Prozeß zum unmittelbaren Bestandteil des Produktionsablaufes geworden. Schrottplatzbedienung, Chargier-, Gieß-, Stripper-, Tiefofen-, Pratzen- und Schmiedekrane bringen immer neue konstruktive Anforderungen.

Im Hamburger Hafen sind nach dem Kriege allein 500 moderne Wippkrane aufgestellt worden, bei denen neueste Erkenntnisse des Schalenbaues und der Verwertung der Grundsätze der Getriebelehre zur Anwendung kommen. Moderne Werkzeugmaschinen sind mit Kranen ausgestattet, die vollkommen dem Verwendungszweck der Maschine angepaßt sind. Werkhallen werden mit Hängekranen auch nachträglich ausgerüstet, um mit bodenfreier Förderung die Materialbewegung zu mechanisieren.

Zu den Spezialkranen gehören die *Kabelkrane*. Der Aufbau und die Berechnung unterscheiden sich von den übrigen Kranen ganz wesentlich. Wir haben in der DDR die größten Hellingkabelkrananlagen der Welt und die Technische Hochschule hat daran insoweit mitgewirkt, als für die Inbetriebnahme seitens der Regierung ein Gutachten gefordert war, das ein Kollektiv von Professoren erstattet hat. Für den maschinentechnischen Teil ist diese Aufgabe durch den Lehrstuhl Fördertechnik gelöst worden. Kabelkrane finden auch bei den Großbaustellen für Talsperren im In- und Ausland Anwendung.

Ein verwandtes Fördermittel sind die *Seilbahnen*. Es kann gerade auf diesem Gebiete ein klassisches Beispiel dafür angeführt werden, daß die Praxis der Forschung vorausgeeilt ist. Ursprünglich waren die Tragseile mit einer Sicherheit auf Zugbeanspruchung von 8—10 zu bemessen. Dabei gingen die Seile sehr schnell kaputt, d. h. zeigten Brüche einzelner Drähte, die zur Auswechslung zwangen. Der Meeraner Ingenieur ZUEGG erkannte die Ursache auf Grund von Betriebsergebnissen in der zu geringen Seilspannung, bei welcher sich die Biegebeanspruchung und die Pressung durch das Laufwerk besonders ungünstig auswirken konnten. Es gelang ihm in der Zeit der Umstellung von österreichische auf italienische Bestimmungen nach dem ersten Weltkrieg die Genehmigung für eine Bahn mit nur 3-facher Zugsicherheit zu erhalten. Das Ergebnis zeigt ein Vergleich zwischen der Virgiljochbahn und der Haflingbahn. An Stelle von 39 Stützen bei 2 km horizontaler Entfernung brauchte die neue Bahn nur 3 Stützen bei 2,4 km, und die Lebensdauer war viel länger als bei den alten Bahnen. Die Folge dieses Betriebsversuches ist, daß man jetzt mit dem Verhältnis des Raddruckes zur Seilspannung rechnen muß, wodurch Zug, Biegung und Pressung in gleicher Weise Berücksichtigung finden. Bei Personenseilbahnen soll das Verhältnis 1:60 nicht überschreiten. Kleinere Zugsicherheit bedeutet in diesem Falle größere Gesamtsicherheit, auf die es ankommt.

Die CSR hat z. Z. eine Doppelbahn von 126 km für Indien im Bau und an der Baustelle des Wolgastaudammes bei Stalingrad ist eine Doppelseilbahn auf 800 m Länge über die Wolga gespannt.

Eine tiefgründige Behandlung der Seilbahnen kann natürlich nur von einem Spezialisten erwartet werden, aber wir haben in der Firma Bleichert einen praktischen Fundus und der allgemeine Bedarf an Seilbahnen ist durch die Verbreitung von Personenseilbahnen und Sessellifts ziemlich groß. Man ist bei leichteren Bahnen wieder auf das Einseilystem übergegangen, bei welchem die Kabinen an das umlaufende Zugseil angeschlagen sind und von diesem Seil gezogen und getragen werden. Diese Anordnung wurde früher für untergeordnete Zwecke angewendet, und es bedurfte sehr eingehender Versuche, ehe sich auch für Personenbeförderung genügend sichere Konstruktionen entwickelt haben. Die DDR hat daran bisher keinen Anteil gehabt.

Das nächste Hauptgebiet sind die *Aufzüge*. Obgleich im Gebiet der DDR eine ganze Reihe bekannter Aufzugsfabriken bestehen, ist auch auf diesem Gebiete die Entwicklung stark zurückgeblieben. Die Ursache liegt zum ersten darin, daß in unserem Bereich die technische Notwendigkeit der Anwendung von Aufzügen nicht genügend anerkannt ist.

Selbst die hohen Häuser der Stalinallee sollten ursprünglich keine Aufzüge bekommen. Auch der Neubau der Technischen Hochschule in der Dürerstraße hat keinen Aufzug. Im Hüttenkombinat Stalinstadt gab es an den Hochöfen während der ganzen ersten Jahre der Inbetriebnahme keinen Fahrstuhl, obgleich er gerade zu dieser Zeit besonders dringend gebraucht wurde. Erst mit dem 6. Hochofen ist ein Fahrstuhl errichtet worden. Dabei gehört es zum Weltniveau, daß in der Schweiz seit 1900 keine Häuser mit 2 Stockwerken ohne Aufzug gebaut werden, in Brasilien bei 4 Stockwerken bereits 2 Aufzüge vorgeschrieben sind, und in den westlichen Ländern 15 % der Bausumme für Fahrstühle angesetzt werden.

Zum anderen Teil aber hängt die Entwicklung der Aufzüge von dem elektrischem Teil, insbesondere von den Steuerungen ab, mit denen alle Forderungen nach hoher Leistung und Betriebssicherheit bei geringsten Wartungsaufwand erfüllbar sind. Im Rahmen der Entwicklung der Elektrotechnik ist diesem Spezialgebiet in der DDR nicht die notwendige Beachtung geschenkt worden. Bei neuzeitlichen Anlagen werden mehrere Aufzüge zusammengeschaltet. Der Fahrgast gibt sein Ziel durch Druck auf den entsprechenden Knopf bekannt, der Fahrstuhl kommt, öffnet sich selbsttätig zum Einsteigen wie zum Aussteigen am Ziel.

Den Aufzügen verwandt sind die *Schachtfördermaschinen*, aber es gibt auch auf diesem Gebiete in letzter Zeit grundlegende Veränderungen. Die Mechanisierung der Förderung unter Tage erbrachte große Leistungssteigerung, für welche der Schachtquerschnitt häufig zum Engpass im wahrsten Sinne des Wortes wurde. Als Ausweg kommt u. a. die Umstellung auf Gefäßförderung — auch Skipförderung genannt — infrage, wobei die Zeit des Beladens und der Entleerung sich bis auf $1/3$ verringern läßt. Neueste Anlagen arbeiten vollautomatisch, so daß die Bedienung der Produktenförderung lediglich im Ein- und Ausschalten der elektrisch angetriebenen Fördermaschinenanlage mittels Druckknopf am Anfang und Ende der Schicht besteht. So lange Material am Füllort vorhanden und an der Hängebank angenommen wird, folgt ein Treiben dem anderen selbsttätig, sonst setzt sich die Maschine still. Durch die Verbesserung des Verhältnisses Nutzlast zu Totlast kann man meist die Leistungserhöhung auch bei verminderter Geschwindigkeit erreichen. 25 m/s werden deshalb nicht mehr als Ziel angesehen und damit vermindert man die unangenehmen Belastungsspitzen im Versorgungsnetz.

Außerdem sind im Tiefbau immer größere Teufen zu erschließen, die vor einigen Jahren zum Übergang von Einseil- zu Mehrseilaufhängung der Förderkörbe geführt haben. Es treten durch diese Konstruktion interessante Probleme der Kraftübertragung zwischen den Seilen und einzelnen Treibscheiben auf, welche schon eine Reihe wissenschaftlicher Arbeiten auf diesem Gebiete ausgelöst haben.

Die Fördertechnik hat den größten Anteil an der *Mechanisierung der Erdarbeiten.* Deshalb sind in diesem Rahmen alle Baggerkonstruktionen in ihrer Entwicklung zu verfolgen, und es ist daran mitzuarbeiten. Bagger sind keine Bergbaumaschinen schlechthin, wenn auch der Bergbau sich immer mehr zur Gewinnung im Tagebau in dem Maße umstellt, als es die Lagerungsverhältnisse und die Verbesserungen der Maschinen erlauben. In der DDR werden die Bagger im wesentlichen zur Bewegung des Abraumes und zur Gewinnung von Braunkohle eingesetzt. In der CSR und der SU sind die größeren m^3-Leistungen für Vorhaben der Bauindustrie notwendig.

Zu den *Baggern* sind Eimerkettenbagger, Schaufelradbagger, Eingefäßbagger und die zugehörigen Geräte zum Absetzen der gebaggerten Massen zu rechnen. Die systematische Entwicklung dieser Geräte zu Maschinen durch den deutschen Maschinenbau haben in gleicher Weise die Technischen Hochschulen Hannover und Dresden durch die Verleihung der Ehrendoktorwürde an die hervorragenden Ingenieure Dr.-Ing. Rasper und Ing. Zimmermann fast zu gleicher Zeit (Novenber 1955/Juni 1956) gewürdigt. In der SU ist Professor Dr. techn. DOMBROWSKI durch zweifachen Stalinpreis für seine Arbeiten an den großen Schreitbaggern ausgezeichnet worden.

Diese Konstruktionen sind gesteuert worden durch die Technologie ihres Einsatzes. In Deutschland hatten sich, bedingt durch den verhältnismäßig leicht zerspanbaren Boden, die Mehrgefäßbagger, d.h. Eimerkettenbagger und Schaufelradbagger für größere Leistungen durchgesetzt. Sie werden gleichfalls in der CSR gebaut. In der übrigen Welt wurden die Eingefäßbagger stärker entwickelt als in Deutschland, wo nur Löffelbagger mit Inhalten bis etwa 2 m³ herausgebracht wurden, bewährte Konstruktionen für die Bauindustrie und Nebenarbeiten in Tagebauen.

Großlöffelbagger sind nur in Amerika und in der SU entstanden. Sie verdanken ihre Bedeutung dem harten Boden oder Felsen, in dem sie zum Ansatz kommen oder einer vollkommen anderen Technologie, denn diese Bagger sind wegen der Größe des Gefäßes nicht mehr in der Lage auf Wagen oder Dumpers zu laden.

Eimerkettenbagger sind für Schnittiefen bis 40 m und Stundenleistungen bis 3000 m³/h, d.h. etwa 6000 t/h und Schaufelradbagger mit Schaufelrädern von 16,5 mm ⌀ bis 10000 m³/h in Betrieb. Dabei ergeben sich Dienstgewichte bis 6000 t für ein Gerät. Die großen Eingefäßbagger, neuerdings nicht mehr auf Raupen, sondern über einen Schreitmechanismus beweglich, erbringen 1000 m³/h bei Ausladungen bis 75 m und Konstruktionsgewichten von 1500 t. In der SU ist die Konstruktion des 25 m³-Schürfkübelbaggers mit 100 m Ausladung im Bau und ein Löffelbagger für 35 m³ bei 65 m Ausladung wird entwickelt.

Vom wissenschaftlichen Standpunkt aus muß man feststellen, daß bei der Entwicklung der Bagger die reine Empirie vorgeherrscht hat. Auf die Beziehung zur Forschung über Aufgaben der Fördertechnik soll später eingegangen werden. Die laufende Auswertung der praktischen Ergebnisse war ein gehüteter Schatz der Maschinenfabriken und die brauchbare Grundlage neuer Schöpfungen. Zum ersten Male hat DOMBROWSKI auf der Prager Konferenz im Dezember 1956 einen Bericht über die an sowjetischen Löffelbaggern durchgeführten Untersuchungen gegeben, welche dadurch gekennzeichnet sind, daß die Messungen an einer großen Zahl von Konstruktionselementen im Betrieb des Gerätes und synchronisiert durchgeführt wurden. Die neuen Entwürfe von Rießenlöffelbaggern haben die Durchführung solcher wissenschaftlich begründeter Unterlagen zur Voraussetzung. Das Ausmaß der Pläne läuft nicht nur auf größere Löffelinhalte hinaus, sondern auch auf größere Reichweiten und neuartige Antriebsformen.

Es wäre daher an der Zeit, daß man auch in der DDR diesen Stil der Beurteilung von Baggern anwenden könnte. Dagegen steht allerdings die zwingende Notwendigkeit, bestehende Maschinen in Tagebauen im vollsten Einsatz und ungehindert durch Experimente laufen zu lassen. In Westdeutschland und der SU sind die Möglichkeiten der Entwicklung günstiger, weil man sowohl über einen größeren Stamm erfahrener Spezialisten und über genügend neuzeitlichere Fertigungs- und Prüfungsanlagen als auch über genügend Betriebsreserven verfügt, um Betriebsversuche fahren zu können.

Die Baggerung von Boden bringt darüber hinaus auch komplexe Förderaufgaben mit sich, weil das Material verladen und weiter tranportiert werden muß. Bei Plänen von Wasserkraftanlagen im befreundeten Ausland habe ich Gelegenheit gehabt, Vorschläge zum Einsatz von Eimerkettenbaggern mit Bandanlagen zu machen, welche der Verwirklichung entgegengehen. Auch in Deutschland wird dieses Problem ernsthaft verfolgt, und Westdeutschland hat darin einen großen Vorspruch vor der DDR, wo man durch die Versteifung auf die überspannte Idee eines Erfinders den natürlichen Lauf der Entwicklung jahrelang aufgehalten hat. So muß man sich jetzt mit Lieferungen aus Westdeutschland helfen. Es handelt sich darum, daß die Erfahrung mit Abraumförderbrücken die Überlegenheit der stetigen Abbeförderung des Bodens durch Gurtförderer gegenüber der Zugförderung bewiesen hat. Deshalb will man auch in solchen Fällen, wo der Transport quer zur Abbaufront durch eine verfahrbare Brücke nicht möglich ist, Transportbänder einsetzen. Diese Bänder sollen der Bedingung genügen, daß sie mit dem Fortschritt des Abbaues quer zur Förderrichtung verschoben werden können. Diese Aufgabe an den Konstrukteur erfordert keine grundsätzlichen wissenschaftlichen Lösungen, aber praktische Erprobung. Die Möglichkeit, Bänder mit großer Zugbeanspruchung und damit großer Förderlänge einzusetzen, hängt von der Reife der Transportbandherstellung ebenso ab, wie von der Übertragung der großen Leistungen vom Motor auf das Band. Es muß deshalb auch seitens des Lehrstuhles Einfluß auf die Entwicklung der Bänder genommen werden.

Nicht nur bei Erdarbeiten sondern ganz allgemein hat sich die Erkenntnis durchgesetzt, daß gleichmäßiger Materialfluß eine günstigere Ausnutzung der Kraftzuführung, der Krafterzeuger und der Antriebe bedeutet. Die dafür eingesetzten Fördermittel hat man unter dem Begriff „*Stetigförderer*" zusammengefaßt. Stetigförderer sind neben Gurtförderern die Becherwerke, Kettenförderer, Schnecken, Schwingförderer, pneumatische und hydraulische Förderer, Plattenbänder, Kreisförderer und Rollenbahnen. Ihre Bedeutung und Auswirkung ist in einzelnen Industriezweigen sehr verschieden.

Kettenförderer werden im Tiefbau zusammen mit Kombines verwendet, wobei in der Hauptsache die zweckmäßige Gestaltung von Wert ist, d. h. die Bauhöhe muß sehr gering sein damit die Restschaufelarbeit des Bergmannes auf ein Minimum herabgedrückt wird. Schwingförderer sind erst neuerdings mit der vollen Auswertung dynamischer Schwingungen der Vibrotechnik zu einem vielseitigen Fördermittel geworden. Über die pneumatischen Förderer soll später noch einiges gesagt werden. Die hydraulische Förderung findet neuerdings auch zum Transport von Kohle und Salz Anwendung. In Amerika wird z. Z. eine 257 km lange Rohrleitung zum Transport von 150 t Kohle je Stunde verlegt. In Kaligruben beabsichtigt man, das Salz aus dem Schacht durch eine Steigleitung zu pumpen, womit der Schachtquerschnitt besser ausgenutzt und vielleicht auch zusätzlich der Löseprozeß beschleunigt werden kann.

Am Ende dieser Aufstellung müssen noch besonders die *Ladegeräte* erwähnt werden. Dazu gehören die sogenannten Gabelstabler, auf kleinen fahrbaren Unterteilen aufgebaute Einrichtungen, zum Anheben von Lasten mit entsprechenden Lastaufnahmekonstruktionen wie Gabel- oder Greifarme. Davon werden z. B. in Westdeutschland im Jahre 2400 Stück in der Wirtschaft eingesetzt. Aber auch andere Ladegeräte wie der Salzgitterlader, der im Bergbau das gebrochene Material über sich hinweg in dahinterstehende Wagen schüttet oder der Ahlmann-Schaufler, welcher nach Art eines Treckers aufgebaut und mit Greifereinrichtungen versehen ist, gehören hierher.

Alles in allem ergibt sich daraus ein buntes und fast vollkommen unübersichtliches Feld von Maschinen, das man mit der Lage vergleichen kann, in der sich der allgemeine Maschinenbau auch früher befunden hat. Diese Vielseitigkeit ist noch dadurch gesteigert worden, daß viele Aufgaben aus den anderen Sondergebieten des Maschinenbaues als *Grenzgebiete der Fördertechnik* zugefallen sind.

Alle Verkehrswissenschaften überlassen die Entwicklung ihrer eigenen durch die Eigenart dieser Technik bestimmten Konstruktionen von Fördermitteln der Fördertechnik. Die Reichsbahn befaßt sich nicht mit dem Bau vom Eisenbahnkranen, Eisenbahnbekohlungsanlagen und Gleisverlegekranen. Der Schiffbau übernimmt die Bordwippkrananlagen und Schwimmkrane, welche den schwierigen und eigentümlichen Bedingungen der schwimmenden Unterlage ausgesetzt sind, vom allgemeinen Maschinenbau, obgleich es gewiß leichter ist, aus Kenntnis dieser Betriebsbedingungen sich die Kenntnis zum Bau dieser Krane zu beschaffen. Das gleiche gilt auch von den schienenlosen Fahrzeugen. Man findet wenig Lösungen von Autokranen, die als vollkommene technische Gesamtlösungen anzusehen sind. Ein Lastauto mit einem darauf montierten Kran kann nicht als gute Lösung angesehen werden.

Die Grenzgebiete der Fördertechnik stellen daher besonders schwierige Aufgaben des allgemeinen Maschinenbaues dar, welche die Schattenseite zu weitgehender Spezialisierung deutlich machen. Auf dem Gebiete des modernen Aufzugbaues ist z. B., in Erkenntnis der Nachteile der zu weitgehenden Aufspaltung, eine westdeutsche Firma dazu übergegangen, sämtliche Teile der elektrischen Einrichtung einschließlich der Preßstoffe, mit alleiniger Ausnahme der Motore, in eigener Werkstatt zu erzeugen. Dadurch ist das Erzeugnis ein harmonisches Ganzes geworden. So würde gewiß der Kraftwagenbau auch einen besseren Autokran herausbringen können als eine Fabrik für Förderanlagen. Mindestens sollte aber eine bessere Verbindung der Entwicklung einzelner Maschinen innerhalb des Maschinenbaues erstrebt werden.

Über den Bereich des Maschinenbaues hinaus ist der *Zusammenhang mit der Elektrotechnik und dem Stahlbau* zu pflegen. Am Beispiel der Aufzüge wurde der Zusammenhang mit der Elektrotechnik bereits betont. Wenn man von den Stetigförderern absieht, handelt es sich bei den meisten Fördermitteln um Maschinen mit intermittierendem Betrieb mit umkehrbarer Bewegungsrichtung. Die Maschinen selbst können ortsfest oder fahrbar sein. Das Anfahren und Anhalten, die Beschleunigung und Verzögerung spielen für die Bemessung eine große Rolle. Der elektrische Antrieb muß deshalb den Bedingungen angepaßt werden. Die Charakteristik der Motore kann dieser Forderung aber nicht immer entsprechen, besonders wenn aus Gründen der Ökonomie und einfachen Wartung die Verwendung des Kurzschlußläufers zweckmäßig ist. Deshalb wird der Entwicklung geeigneter Kupplungen besondere Beachtung geschenkt, die den Anlaufvorgang so zu beherrschen erlauben, daß trotz einer ungeeigneten Motor-Charakteristik der Anlaufvorgang der Berechnung des mechanischen Teiles entspricht. Die Flüssigkeitskupplungen erlauben ein Anfahren, bei dem das Anfahrmoment des Motors über die Anfahrperiode allmählich aufgebraucht werden kann, so daß die Beschleunigungskräfte gering bleiben. Ebenso ist von der Magnetpulverkupplungen ein guter Erfolg zu erwarten. Aber es wäre die Angelegenheit der Elektrotechnik diese Entwicklung zu forcieren.

Beim gleichzeitigen Betrieb vieler Motore, wie etwa bei 40 Fahrmotoren eines Großbaggers ist der maschinenbauliche Teil ebenfalls mit der elektrischen Ausrüstung abzustimmen. Es handelt sich dabei sowohl um den Gleichlauf aller Motore auf gerader Strecke wie auch um das Fahren in Kurven. Andererseits kann die elektrische Welle, mit welcher der absolute Gleichlauf zweier unabhängiger Fahrwerke etwa bei Verladebrücken gesichert sein soll, noch heute nicht als befriedigend gelöst angesehen werden.

Wichtiger als das Anfahren ist das Anhalten. Da man auch den Vorgang des Stillsetzens nach Zeit oder Weg beherrschen muß, hängt die Verzögerung von der Reaktion zwischen Bremsscheibe und Bremsbelag ab. Bei Bremsen mit Hand oder- Fußbetätigung direkt über mechanisches oder hydraulisches Gestänge kann der Bremsvorgang der tatsächlich auftretenden Auswirkung der Reaktion zwischen Bremsbacke und Bremsscheibe feinfühlig angepaßt werden. Bei elektrischer Auslösung der Bremskraft durch Bremslüftmagnete, hydraulisch-elektrische Lüfter oder Motordrücker ist der Bremsvorgang aber noch immer nicht sicher beherrschbar. Besonders wichtig ist diese Frage bei sehr kurzen Bremszeiten, wie es bei reversierbaren Antrieben infrage kommt. Bei Werkzeugmaschinen konnte man durch die Hydraulik dieses Problem lösen. Bei den z. T. großen Leistungen vom Fördergeräten wendet man deshalb u. a. Gleichstromantriebe an. In der SU sind die Löffelbagger trotz der höheren Beschaffungskosten mit Gleichstrommotoren ausgerüstet. Die Zusammenarbeit zwischen Maschinenbau und Elektrotechnik ist in Westdeutschland, wie auch in der SU, wo die Elektrofabrik in Charkow sich dieser Fragen laufend annimmt, wesentlich besser als in der DDR.

Die *Zusammenarbeit* zwischen *Maschinenbau und Stahlbau* ist dadurch fester, daß Konstruktion und Fertigung enger verknüpft sind. Die Studierenden der Fachrichtung Fördertechnik haben gleichzeitig eine auf die besonderen Belange dieser Maschinen ausgerichteten Ausbildung im Stahlbau und in der Statik der Baukonstruktion. Diese Behandlung des Stahlbaues unter dem Gesichtspunkt der Funktion der ganzen Maschine hat sich besonders bei den schwierigen Konstruktionen großer Krananlagen und Bagger gut bewährt.

Im eigentlichen Maschinenbau liegen für die Fördertechnik weiterhin verschiedene *Sonderprobleme* vor. Die Maschinen dieser Sparte sind im wahrsten Sinne Arbeitsmaschinen. Sie unterliegen in um so höherem Maße als andere Maschinen dem Verschleiß, als die Einsatzbedingungen nicht immer die Anwendung von Sicherungen gegen Überlastung, gegen Reibung und gegen Wetter und eine ausreichende Abdichtung soweit erlauben, wie es bei anderen ortsfesten wettergeschützten Maschinen möglich ist. Während bei anderen Maschinen der μ-Wert der Reibung mit Erfolg herabgesetzt wird, muß er für Bremsbelege, die zu einem wichtigen, stets in Anspruch genommenen Maschinenelement gehören, erhöht werden. Durch die notwendige Reibung, die durch Sandstreuen erhöht wird, treibt man die Fahrwerke an und die Reibantriebe bei Seiltrieben oder Transportbändern bedeuten, daß der Verschleiß ein voraussehbarer Vorgang ist. Während beim Kraftfahrzeug der wesentlichste Verschleiß am Reifen auftritt und die Maschine selbst nur Bruchteile von mm als Abnutzung von den Maßen neuer Teile erlaubt, treten an Förderanlagen Materialverluste auf, die z. B. bei den Förderanlagen der Tagebaubetriebe der DDR in der Größenordnung von 15000 t Stahl/Jahr liegen. Das Problem der Begrenzung des Verschleißes mit Rücksicht auf die Lebensdauer solcher Maschinen und im Hinblick auf eine neuzeitliche Berechnung der Maschinen ist durchaus noch nicht gelöst. Es gibt z. B. in der Braunkohlenindustrie einen großen Streit darüber, ob man die Bolzen der Eimerkette schmieren soll oder nicht. Zwei gleiche Geräte fahren nach beiden Methoden parallel. Die geschmierte Kette ist seit 20 Jahren in Betrieb. Sie verbraucht etwa 80000,— DM weniger Verschleißmaterial je Jahr als die andere. Dafür erfordert die Durchführung des Schmierens einen Leistungsausfall, welcher je nach Bewertung 60000,— DM je Jahr ausmachen kann. Trotzdem ist man zum Schmieren in den anderen Betrieben nicht bereit, weil man nicht die Gewähr übernehmen will, daß immer gewissenhaft geschmiert wird.

Der Standpunkt des Maschinenbaues, daß der Verschleiß in der Berechnungsgrundlage fixiert werden muß, setzt sich nur langsam durch. Bei neuzeitlichen Bremsen ist man zwar schon dazu übergegangen, die Abnutzung der Bremsbelege durch entsprechende Zeigerstellung sichtbar zu machen, damit die Verschleißgrenze eingehalten werden kann. Die Kenntnis, daß zu großer Verschleiß vor allem bei beweglichen Teilen dynamische Beanspruchung auslöst, die einen starken Anstieg der Beanspruchung der ganzen Maschine im Gefolge haben, ist aber bei Förderanlagen noch nicht genügend wissenschaftlich belegt worden. Seile sind nach einer festgelegten Zahl von Brüchen einzelner Drähte abzulegen. Bei Laufrädern oder Eimerketten z. B. bestehen dagegen noch keinerlei Richtlinien über die Begrenzung des Verschleißes.

Ein wesentlicher Faktor der Konstruktion ist die Notwendigkeit, besonders bei fahrbaren Anlagen, leicht zu bauen. Abgesehen davon, daß eine wirtschaftliche Konstruktion die beste Ausnutzung des Materials verlangt, spielen die Betriebskosten einer Anlage die größere Rolle. Es ist deshalb der Leichtbau nicht nur für Einzelteile — wie ein Getriebe-, sondern auch für die dazu dann notwendigen Tragkonstruktionen und die Fahrantriebe notwendig. Daraus ergibt sich, daß der Getriebebau mit dem Bestreben zur Normung in vielen Fällen im Widerspruch steht, so daß man bestenfalls die Zahnräder übernehmen kann. Eigene dem gesamten Aufbau angepaßte Formen sind notwendig und machen es deshalb erforderlich, daß die Fördertechnik auf diesem Gebiet nach eigenen Grundsätzen konstruieren muß.

Als Grundlage der Förderanlagen sind diejenigen Elemente anzusehen, welche die Antriebskraft vom Krafterzeuger auf das Fördergut zu übertragen haben. Diese besonderen Elemente sind die Drahtseile, die Ketten in mannigfaltiger Gestaltung und die Transportbänder. Bei der durch die Teilung Deutschlands entstandenen Lage liegen die großen Produktionsstätten in Westdeutschland, und in der DDR sind wir gerade auf diesem Gebiete aus eigener Produktion weit im Rückstand geblieben. Obgleich das Institut seit 3 Jahren versucht, Mittel für eine Seilforschungsstelle zu bekommen, geschieht nahezu nichts innerhalb der DDR. Es müssen alle Schachtförderseile und die meistens für Exportlieferungen an anderen Maschinen notwendigen Seile aus Westdeutschland beschafft werden. Die westdeutschen Seilfabriken haben ausgezeichnete eigene Forschungsinstitute und setzen außerdem die Hochschulinstitute an, um z. B. die zerstörungsfreie Prüfung der Drahtseile, Verbesserungen der Konstruktion, des Aufbaues und der Herstellung der Drahtseile voranzutreiben.

Das gleiche gilt für Ketten. Als Beispiel diene, daß eine Rundgliederkette von 14 mm Gliedstärke etwa 8000 kg Zugbeanspruchung erlaubt, während die westdeutsche Spezialkette bei gleichen Abmessungen 27000 kg verträgt.

Auf dem Gebiet der Transportbänder sind bescheidene Fortschritte durch die einigermaßen wissenschaftlich gesteuerten Betriebs-Versuche auf Tagebaugeräten mit Gummibändern mit Perloneinlagen erzielt worden. Besonders wertvoll hat sich dabei die Zusammenarbeit mit dem Institut für Textilforschung von Herrn Professor Dr.-Ing. FRENZEL erwiesen. Die Produktionsstätten der DDR sind, gemessen an den westlichen Fabriken, sehr klein. Ihr Erfolg ist daher insofern hoch zu bewerten. Aber man ist gehemmt, weil für eine erfolgreiche Entwicklung laufender Erfahrungsaustausch mit fremden Erzeugern und Verbrauchern notwendig ist. Dabei muß der zweckmäßige Einsatz der geeigneten Meßeinrichtungen und die Auswertung von Großzahlversuchen abgestimmt werden. Innerhalb der Volksdemokratien sind die Möglichkeiten dazu gering. Trotzdem ist eine engere Zusammenarbeit auch mit der SU sowohl in der Bandherstellung als auch in der Bandpflege dringend zu empfehlen.

Der heutige Stand der Technik erlaubt die Herstellung von Bändern mit Stahllitzeneinlagen und damit Förderanlagen aus einem Antrieb bis 5000 m. Unsere ganze Mechanisierung schwerer Erdarbeiten muß daher rückständig bleiben, wenn auf diesem Sektor keine durchgreifende Änderung eintritt.

Welche Möglichkeiten und Notwendigkeiten bestehen bei der jetzigen Lage der Fördertechnik durch wissenschaftliche Forschung die Entwicklung der Maschinen dem Weltstand anzupassen? Es muß dazu die Frage, ob und wie zweckbedingte *Forschungen* überhaupt entstehen, behandelt werden.

Zum Forschen gehört in gleicher Weise die Kenntnis der Einflußgrößen an sich, wie die Möglichkeit sie zu bestimmen. Mit einer Vielzahl geeigneter Meßinstrumente konnte man Gesetzmäßigkeiten zwischen Einflußgrößen feststellen und neuere Erkenntnisse gewinnen. So kam man schließlich z. B. von der Auffassung von der reinen statischen Festigkeit bei normalen Formänderungsgeschwindigkeiten dazu, auch den dynamischen Beanspruchungen Rechnung zutragen, d. h. die Wirkung von periodischen Schwankungen und den Einfluß des zeitlichen Ablaufs der Belastung bei den verschiedensten Materialien zu erkennen und für die Praxis auszunutzen. Je genauer die Einflußgrößen qualitativ und quantitativ bestimmt werden konnten, desto schneller kam man zu Gesetzen, deren universeller Charakter das anzustrebende Endziel darstellte, wobei eine Variation für den Spezialfall möglich war, wenn die entsprechenden (Rand)-Bedingungen bekannt waren. So sind die Forschungen auf dem Gebiete des Maschinenbaus, wo Thermometer, Manometer und Chronometer benutzt werden konnten, um die Gesetzmäßigkeiten festzustellen, vorangekommen. Einflußgrößen waren bekannt, Meßinstrumente vorhanden.

Entwicklungen dagegen, für die eine Ordnung in den Einflußgrößen nicht zu erreichen war, blieben zurück, wurden wissenschaftlich nicht verfolgt, sondern blieben der empirischen Behandlung durch die Praxis überlassen.

Dafür einige Beispiele aus der Praxis gerade in bezug auf die Thermodynamik.

Eine Brikettpresse besteht — Dampfantrieb vorausgesetzt — aus einer Dampfmaschine und dem Pressenteil. Es ist eine starre Kupplung zwischen einer Kraftmaschine und einer Arbeitsmaschine. Die Funktion der Kraftmaschine ist durch Indizierung genau zu ermitteln. Das Wesentliche ist aber, daß ein brauchbares Brikett aus der Presse kommt. Die Einflußgrößen auf der Seite der Arbeitsmaschine verändern sich mit den Verschleiß in den Formstücken ohne eine voraussehbare Gesetzmäßigkeit. Infolgedessen fehlt es noch heute an einer folgerichtigen wissenschaftlich belegten Anwendung des Prinzips einer Kolbendampfmaschine für eine Brikettpresse. Man hat sich nicht damit befaßt, die neuen Einflußgrößen auf Gesetzmäßigkeiten zu untersuchen und die Steuerung der Dampfmaschine insoweit anpassungsfähig zu machen.

Das folgende Beispiel hat unmittelbaren Bezug auf die Fördertechnik. Wir stehen in der Entwicklung von hydraulischen Pumpen an sich mit der Pumpe der Firma Pittler nicht etwa hinter anderen Erzeugnissen zurück. Aber für die wissenschaftlichen Probleme an diesen Pumpen und Motoren sind die Einflußgrößen, wie Zähigkeit des Öles, Alterungsbeständigkeit, Wärmedehnung und Zusammendrückbarkeit zu verfolgen und bei Veränderlichkeit, in ihrer Wirkung auf den Ablauf der Vorgänge zu beobachten. Die hydraulische Pumpe hat auf Grund von umfangreichen Betriebserfahrungen heute ein weites Anwendungsgebiet vor sich. Ihre Vorzüge liegen darin, daß die Arbeitsweise so sanft gesteuert und dem gewünschten Arbeitsablauf angepaßt werden kann, wie man es von Dampfmaschinen her kennt, und wie sie auf elektrischem Wege nur mit großem Aufwande und bei verständnisvoller Behandlung möglich ist. Es muß deshalb vom Standpunkt der Fördertechnik mit besonderem Nachdruck auf die Bedeutung der Entwicklung dieser Pumpen und ihrer Steuerungen hingewiesen werden. Es wäre daher an der Zeit auf Prüfständen die weiteren Messungen durchzuführen, um die Anwendung in der Fördertechnik damit vorantreiben zu können.

Aber auch andere Pumpen sind der wissenschaftlichen Untersuchung noch nicht unterzogen worden. Wenn es sich um die Entwicklung von Pumpen handelt, welche nicht nur eine Flüssigkeit, sondern zusätzlich körniges Material bewegen sollen, dann sollte man annehmen, daß primär die grundsätzlichen Erkenntnisse des Pumpenbaues entscheidend zu sein haben. Hier weichen Mörtelpumpen und Staubpumpen jedoch erheblich ab und werden auf Grund von reinen Betriebsbeobachtungen gebaut und verbessert. Es erscheint daher angebracht, daß solche Forschungen nicht in den Bereich der Fördertechnik gehören, sondern von den Pumpenfachleuten übernommen werden.

Die Förderung von Festkörperteilchen im Luftstrom ist Gegenstand einer Forschungsarbeit am Institut, in welche Herr Professor Dr. Albring als Strömungstechniker sich dankenswerterweise eingeschaltet hat.

An der TH Dresden hat in den 20er Jahren Gasterstädt die ersten Versuche durchgeführt, um Grundlagen für die Berechnung vom pneumatischen Förderanlagen zu gewinnen, und zwar unter Betonung des Umstandes, daß die Erkenntnis und theoretische Behandlung dieses Problems mit den Erfolgen des bauenden Ingenieurs nicht Schritt gehalten hat. Das mochte einmal daran gelegen haben, daß es zur Zeit der ersten Ausnutzung des Luftstromes in Rohren zum Transport von feinkörnigem Material (um 1880) viel weniger als heute möglich war, eine Theorie für die dabei entstehenden Vorgänge aufzustellen, da selbst die Rohrströmung von Reinluft noch einer Klärung bedurfte. Zum anderen liegt es darin begründet, daß es sich hier um strömungs-technische Belange handelt, denen der allgemeine Maschinenbauer mit einer gewissen Zurückhaltung gegenüber stand. Aber auch heute, nach so vielen Jahren einer fortwährenden praktischen Weiterentwicklung auf diesem Gebiet und großen praktischen Erfahrungen der Pneumatikanlagen bauenden Betriebe sind keine umfassenden Theorien bekannt, die die Vorgänge eindeutig erklären, und als Grundlage genauer Berechnungen dienen könnten. Z. B. ist man sich auch heute noch nicht im klaren darüber, welche Einflüsse für das Schweben des Teilchens in einem waagerechten Luftstrom in einer Rohrleitung maßgebend sind. Selbst wenn zunächst auf rein empirischem Weg eine Funktionsfähigkeit erreicht würde, besteht doch die Notwendigkeit, schon aus rein wissenschaftlichem Interesse, eine exakte Berechnungsmethode für solche Anlagen zu schaffen, womit ein wirtschaftlicher Nutzen zweifellos Hand in Hand gehen dürfte.

Bei der Berechnung einer pneumatischen Förderanlage ist neben der Kenntnis einer Mindestluftgeschwindigkeit, die eine ablagerungsfreie Bewegung der Festkörperteilchen im Luftstrom gewährleistet, die Bestimmung des Druckabfalles längs eines bestimmten Rohrelementes die Hauptaufgabe. Die dabei zu berücksichtigenden Einflußgrößen sind sehr zahlreich, und es ist schwierig eine Beziehung zu finden, die einen universellen Charakter hat. Der Druckabfall ist einmal abhängig von Größen, die durch die Art des zu transportierenden Materials bestimmt sind, wie Korngröße und Form des Teilchens, Oberflächenbeschaffenheit, spezifisches Gewicht, zum anderen ist das Mischungsverhältnis zwischen dem Materialgewicht pro Zeiteinheit maßgebend, schließlich sind die Daten der Luft, wie spezifisches Gewicht, Zähigkeit und Luftgeschwindigkeit und auch die Abmessungen der Rohrleitungen von Einfluß. Bei alledem muß beachtet werden, ob es sich um eine horizontale oder vertikale Rohrstrecke handelt, die Strömung in einem Gebiet der Beschleunigung z. B. bei der Einschleusung des Materials in den Luftstrom oder hinter einem Rohrkrümmer betrachtet wird, oder die Vorgänge im Krümmer untersucht werden sollen, wobei der Krümmungsradius und die Tatsache, ob der Krümmer von einer waagerechten Rohrstrecke in eine vertikale Steigleitung führt oder umgekehrt usw. von Bedeutung sind. Abscheidung des Materials und Entstaubung der Luft sind weitere Aufgabenkomplexe. GASTERSTÄDT fand eine Beziehung für die Abhängigkeit des Druckabfalles vom Mischungsverhältnis bei einer Gut-Luftströmung im waagerechten Rohr und untersuchte die Relativgeschwindigkeit zwischen Luft und Material an einer einzelnen Kugel. Die gefundenen Erkenntnisse bildeten bis heute die meist verwendeten Ansätze für eine Berechnung von pneumatischen Förderanlagen. Es ist damit zweifellos übersehen worden, daß die dabei von GASTERSTÄDT bestimmten Konstanten nur für ein Material und für eine Rohrabmessung Gültigkeit haben.

In den letzten Jahren haben sich viele Institutionen in der ganzen Welt eingehender mit diesen Fragen beschäftigt, da die pneumatische Förderung ein immer weiteres Anwendungsgebiet in allen Zweigen der Industrie gefunden hat, und die Forderung nach einer Arbeitsweise mit gutem Wirkungsgrad und hoher Wirtschaftlichkeit immer nachdrücklicher gestellt werden.

Das Institut hat sich erneut an dieses Gebiet gewagt und die Versuche zunächst auf eine beschleunigungsfreie Rohrstrecke (abgesehen von der Beschleunigung infolge der Luftexpansion) in einer vertikalen Steigleitung einer Saugluftanlage beschränkt. Die Steigleitung ist in drei verschiedenen Durchmessergrößen am Turm für einen Wasserbehälter im Mollierbau der TH montiert, und als Fördergut wurden zunächst Kirschkerne wegen ihrer kugelähnlichen Form gewählt. Sie erwiesen sich jedoch zur Durchführung von Reihenuntersuchungen für den gesamten Leistungsbereich der Anlage also auch bei größeren Luftgeschwindigkeiten als ungeeignet, da sie zu leicht zerbrechen. Die Frage nach einem passenden Fördergut in Kugelform genügender Festigkeit konnte insoweit gelöst werden, als Glaskugeln aus der CSR verwendet wurden, mit denen bei den kleinen Durchmessern gute Erfahrungen gemacht worden sind. An Stellen der Rohrleitungen, die für eine Untersuchung der Bewegung der Einzelteilchen und zur Ermittlung der Teilchengeschwindigkeit interessant und günstig erscheinen, können Glasrohre eingebaut werden, und mit Hilfe einer Zeitlupenkamera kann der Teilchenstrom gut sichtbar gemacht werden.

Die Möglichkeit einer direkten Bestimmung der Teilchengeschwindigkeit und damit Kenntnis der Relativgeschwindigkeit zwischen Fördermaterial und Luft ist für die Behandlung der Gut-Luftströmung und den experimentellen Nachweis aufgestellter Rechnungen von großer Bedeutung.

Wenn bisher in der Praxis die Berechnung von der Reinluftströmung ausging und mehr oder weniger willkürliche Zuschläge gemacht wurden, um dem Vorhandensein einer zweiten Phase, nämlich des Materials Rechnung zu tragen, so ist das keine ausreichende Methode und vor allen Dingen kann sie einer wissenschaftlichen Durchleuchtung nicht standhalten.

Das Institut wird also mit den Versuchen einen Beitrag zur Klärung dieser Frage liefern, wobei jedoch betont werden muß, daß infolge der schon angedeuteten Schwierigkeiten eine Bearbeitung und ihre Übertragung in geeigneter Form auf die praktische Anwendung nicht so schnell ein Ergebnis zeigen werden, wie es notwendig wäre.

Mit der Forschung an einer pneumatischen Förderanlage kann man die besondere Lage der ganzen Fördertechnik kennzeichnen. Es fehlte durch Jahrzehnte der ökonomische Anreiz für eine zweckgebundene Forschung auf diesem Gebiet und für die freie Forschung war der Ansatz infolge der vielen Veränderlichen wenig aussichtsreich. Deshalb spielt die Empirie auf vielen Gebieten der Fördertechnik bis auf den heutigen Tag noch eine große Rolle.

Bei den im Freien arbeitenden Maschinen, wie es auch bei Landmaschinen der Fall ist, werden die Einflußgrößen und ihre Veränderlichkeit noch wesentlich größer. Wenn noch 1936 NIEMANN an der TH Hannover den Schnitt-Vorgang eines Stangengreifers an einem Modell von der Größe einer Zigarrenkiste erproben mußte, so ist es kein Wunder, wenn über den Schneidwiderstand von Löffel- und Eimerkettenbaggern keine ausreichenden Untersuchungen durchgeführt worden sind. Die Klassifizierung des Bodens ist in der SU inzwischen eingeführt, aber man kann noch nicht sagen, welche Auswirkung dabei die Temperatur und die Feuchtigkeit hat. Es treten außerdem sehr große Schwankungen allein aus der Ablagerung auf, und es wird notwendig sein, daß man den Grundsatz durchsetzt, der auch auf anderen Gebieten des Maschinenbaues den Erfolg gebracht hat: Maschinen sind für eine bestimmte Kraft auszulegen. Gegen Überschreitung der Kraft sind Sicherheitseinrichtungen einzubauen, und diese Kräfte sind durch Messungen zu bestimmen. Dieser Entwicklung kann man erst in jüngster Zeit Rechnung tragen, weil mit den Spannungsmessern verschiedener Art erst die für die Praxis brauchbaren Meßeinrichtungen gefunden worden sind. Man kann damit, wie es in der SU an den Baggern gezeigt worden ist, die Einflußgrößen komplex erfassen und zunächst wenigstens diese Grundsätze erreichen, daß wir die wertvollen Maschinen vor einer unsachgemäßen Zerstörung bewahren. Am deutlichsten wird die Notwendigkeit, wenn man noch immer von Baggern bei 30° Kälte die gleichen m^3-Leistungen verlangt und erwartet wie bei plus 10° Außentemperatur. Diese Forderung kennzeichnet die Schwierigkeit, klare wissenschaftliche Erkenntnisse durchzusetzen.

Auch bei Laufkranen mißt man neuerdings mit Hilfe von Spannungsdehnungsmessern die tatsächlich auftretenden Schwingungen und gewinnt damit eine sehr sichere Grundlage für die Berechnungen, so daß man gleichzeitig leichter in vielen Fällen bauen kann. Diese Untersuchungen hat Professor Dr.-Ing. CRANZ, Stuttgart, im letzten Jahr abgeschlossen. Sie werden durch Änderung von DIN-Blättern ihren praktischen Niederschlag finden. Auch das Institut der TH Dresden hat in bescheidenem Maße sich dieses Verfahrens angenommen und führt solche Messungen zur Demonstration an dem Kran der Hochspannungshalle durch.

Abschließend muß man aber trotzdem feststellen, daß auf dem Gebiet der Fördertechnik die Forschung weit hinter anderen Teilen des Maschinenbaues zurückgeblieben ist. Dadurch ist eine große Unsicherheit in der Beurteilung der Perspektiven entstanden. Forschung hilft voraussehen. Wenn man bedenkt, daß mit der Empirie sehr viel Zeit und viele Mittel verbraucht worden sind, und daß wir in der Mechanisierung schwerer Arbeiten eine absolut zwingende Aufgabe vor uns haben, sollte sich jeder verantwortungsbewußte Maschinenbauer darüber klar werden, wie weit die Mechanisierung gerade der schweren Arbeiten forschungsmäßig hinter dem auf anderen Gebieten des Maschinenbaues durch die systematische Forschung gewonnenen Stand zurück ist, obgleich inzwischen die Möglichkeit gegeben ist, es nachzuholen.

Zum Fortschritt des Maschinenbaues gehören nicht nur immer bessere Konstruktionen, sondern auch eine Veredelung der Behandlung unserer Maschinen. Genauso wie ein Dampfkessel ein Sicherheitsventil, ein Kraftwagen einen Tachometer hat, gehören die Meßeinrichtungen auf Krane, Bagger und an Transportbänder. Auch hier erfordern die Sicherheitseinrichtungen gesetzlich verankerten Schutz. Ohne diese Betonung der wissenschaftlich begründeten Behandlung können wir die volkswirtschaftlich untragbare Überbemessung und die unqualifizierte Behandlung der Maschinen nicht steuern.

KIENAST

FSC
www.fsc.org
MIX
Papier | Fördert
gute Waldnutzung
FSC® C083411

Kolibri 360 GmbH
Ferdinand-Jühlke-Straße 7
99095 Erfurt, Deutschland
produktsicherheit@kolibri360.de